幸福空间
设计师丛书

北欧现代风
精选设计

幸福空间编辑部　编著

U0272891

清华大学出版社
北京

内 容 简 介

本书精选我国台湾一线知名设计师的29个北欧现代风空间最新真实设计案例，针对每个案例进行图文并茂地阐述，包括格局规划、建材运用及设计装修难题的解决办法等，所有案例均由设计师本人亲自讲解，保证了内容的权威性、专业性和真实性，代表了台湾当今室内设计界的最高水平和发展潮流。

本书还配有设计师现场录制的高品质多媒体教学光盘，其内容包括全日光无压空间（林厚进主讲）、雪国般现代宅（王立峥主讲）、细腻呈现台中度假屋（罗尤呈主讲），是目前市场上尚不多见的书盘结合的室内空间设计书。

本书可作为室内空间设计师、从业者和有家装设计需求的人员以及高校建筑设计与室内设计相关专业的师生使用。

图书在版编目（CIP）数据

北欧现代风精选设计 / 幸福空间编辑部编著. -- 北京 : 清华大学出版社, 2016
（幸福空间设计师丛书）
ISBN 978-7-302-42668-4

Ⅰ. ①北… Ⅱ. ①幸… Ⅲ. ①住宅－室内装饰设计 Ⅳ. ①TU241

中国版本图书馆CIP数据核字(2016)第014154号

责任编辑：王金柱
封面设计：王　翔
责任校对：闫秀华
责任印制：沈　露
出版发行：清华大学出版社
　　　　　网　　　址：http://www.tup.com.cn，http://www.wqbook.com
　　　　　地　　　址：北京清华大学学研大厦A座　　　　邮　　编：100084
　　　　　社 总 机：010-62770175　　　　　　　　　　邮　　购：010-62786544
　　　　　投稿与读者服务：010-62776969，c-service@tup.tsinghua.edu.cn
　　　　　质量反馈：010-62772015，zhiliang@tup.tsinghua.edu.cn
印 装 者：北京天颖印刷有限公司
经　　销：全国新华书店
开　　本：213mm×223mm　　　印　张：8　　　　　字　数：192千字
　　　　　附光盘1张
版　　次：2016年5月第1版　　　　　　　　　　印　次：2016年5月第1次印刷
印　　数：1~3500
定　　价：49.00元

产品编号：062963-01

全日光无压空间　　　林厚进 主讲
雪国般现代宅　　　　王立峥 主讲
细腻呈现台中度假屋　罗尤呈 主讲

 现场实录
王牌设计师主讲
本光盘教学录像
由幸福空间有限公司授权

Interior Design｜带您进入台湾设计师的
魔法空间

设计师 About Designer

P001 P111 周建志

实用住宅改造达人，擅长为房主打造实用兼具设计感的家，以极为严谨且细致的专业及经验，为房主打造高CP值的居家生活。
设计强项：旧房翻新、二户合并设计、收纳功能设计、新房规划。

P008 程礼志

空间中有松、有紧，比例拿捏得当，就能成就一个好空间。我们钻研木材、水泥、金属、玻璃等，这些材料的原点可以历久弥坚，有时候我们放慢脚步，细细回想，不是我们创造什么风格，而是这些材料本身所营造出来的空间已经决定好自己的味道。我们只是顺着材料，倾听它的声音来帮助它。

P014 蔡竺欣

设计的本质就应该以人的需求为出发点，通过细腻的沟通将所有需求具体化，针对现场环境条件融入设计师的专业与独到创意，无论是空间整体性、色彩、比例、功能、材质立面等，皆能有精彩的表现。

P019 林昌毅 王淑桦

以房主的需求与喜爱为主要设计出发点，让室内处处是为房主量身定做的生活设计。解决动线及使用上的问题，营造每一个小角落与细节。为房主创造一个有品位及实在的享受空间，让每一个家，都有属于自己的味道与故事。

P023 詹智翔

设计是构筑在生活之上的，生活经验、习性、品位及心理感受都是设计的基础，创造出集合客户所有生活点滴的空间是我们秉持的理念。空间也是一种语汇，利用这样的语言表现出住在其中的成员不同的人文体验。

P028 林辉明 李湘婷

Art Base加上游历英国的经验，对于一个新的空间总有与别人不同的感受与想法。深深觉得每个空间都有属于自己的Style，就如同人的穿着一般，如能掌握特色所在，就可以有最佳的展现。

P035 P039 廖得廷 农小米

秉持每一个案子，不管金额大小，都做到尽善尽美，不断地创新设计，努力提升居家的生活质量与美感，一直提升工程的质量与技术，永续经营和服务，就是公司的愿景。

P042 陈靖绒

彻底颠覆一般人对于组合柜的刻板印象，通过极富生命力的创意巧思，辅以局部木作点缀，让活泼轻盈的空间表情，顿时融入了些许细致品味，借助百变"组合"的精彩演出，成就个性化美宅典范。

P046 张睿诚

性格中理性与感性的和谐平衡，让设计作品往往超越性别的框架，铺排出大气而利落的线条格局，品味其细微之处，又可感受到内蕴细腻而柔致的余韵。

P050 蔡昀璋

"温馨舒适"即是生活空间的完美定义，从自然纾压的乐活概念出发，利用简洁线条，材质混搭，营造身心放松自在的惬意居家。

P056 白裕榕 吴恩瑱

空间是由于人的需要才有了格局，任何设计风格中，融合家人的想法、建立起家的归属感，是我们不变的设计目标。所以每一个住宅空间的形成，确切掌握每位居住者的需求，在赋予空间生命的同时，清楚整合房主的喜好及风格，善用建材的色彩与材质的变化来营造环境氛围，将空间做最大的延展，再通过流畅的动线串起每一个空间的互动，才能将理想中的环境实现。

P061 林嘉庆

毕业于中国科技大学室内设计的林嘉庆，擅长利用空间交错延伸，增加空间的开阔性，达到放大空间的视觉效果。以专业细腻的心思，在双向沟通及精细图面的呈现过程中，开发业主最深层的想法，让每个案子实现客户的需求与品位。

P066 郑抿丹

倾听房主需求与房主耐心沟通，掌握使用者的生活习惯，加强功能性、收纳与实用空间，将设计与生活完美结合、达成平衡，给房主一个满意放松的家。

P072 王立峥

简单而纯粹，内蕴质感而不粗犷，隐含创意而不张扬是我们在执行创意设计时的一贯理念。

P077 郑秋如

擅长通过不断地沟通了解，以设计师本身的专业知识与设计经验，将居住者心中勾勒的美好蓝图，转化为实质的现代生活。

P080 钟雍光

用客户的预算＋客户的需求＋我们的专业及热诚＝圆满结局，皆大欢喜。

P085 黄豪程

致力于实践"新空间概念"，提倡使用环保素材，以人为出发点，让空间衍生出更多的可能性。将空间结合使用者的内在品位，经过整合规划，通过有形的元素、形象，无形的光、影、质感、色调等营造舒适的空间，让使用者无时无刻感受与生活空间对话的幸福。

P093 杨诗韵

重视与业主的双向激荡，站在业主的角度思考，将其转化为设计根基，使作品能更加贴合人心，丰富居住者的生活。亦追求和谐卓越的质量，强调空间设计并非是外在的形体之美，更是一种珍视生活的态度，品味其本质，可感受到细腻而柔致的余韵，牵起人、空间、建筑三方之间的微妙关系。

P105 李胜雄

将空间行为科学完全导入室内空间规划，以完全深入了解居住者日常生活行为的方式，打造真正符合使用者的空间功能，并以建筑专业背景融合低调淡丽的空间美学精神，从里到外讲究工程、功能、氛围的调和，满足居住者对空间的需求。

P122 杨宛霖 黄淑贞

给居住者一份最简单的感动，追求空间的本质，更注重居住者的需求。
由视觉到心理都让人完整地感受到空间氛围所营造的美学品位。
以合适的尺度、丰富的纹理、理想的氛围、空气感的流动、简练的线条及颜色来构筑不同业主的美学涵养。

P143 P150 翁新婷

居家设计不仅止于硬件的规划和空间的修饰，最重要的是人的需求、家的温度，每一位房主都有自己的故事、自己的喜好、自己的梦想，理丝室内设计传达的是一种生活上的态度，注重每一项小细节的出发点便都是以人为本。

P089 简武栋 柳絮洁

设计的思考上我们考虑较多的层面在于空间的"延续性"，我们相信空间开始呼吸的价值来自房主本身的参与感受，所以大部分的时候将设计师单一思考转换成与业主彼此的脑力激荡，相信这样碰撞出的火花，才能创造空间真正的真谛与魅力。

P099 陈智远 李秀丽

因为在乎客户最初的想法和感受，使我们在设计上不带一丝多余的负荷，去发掘、探索客户的潜在需求，将美与实用的意念展现在空间之中，让每个作品都有自己的故事。

P116 P131 陈焱腾

家的空间，要留给爱你及你爱的人，因此我们喜欢房子简简单单、干干净净，利用空间设计反映出不同面向的个性，感觉充满了个人自传式的色彩，运用自然朴实的元素与各种经典家饰来布置，在有限的空间里创造无限的幸福。

P137 宋雯铃 沈家如 宋志钟 彭宝慧

德本迪国际设计Durbandy International Design，是由设计师宋雯铃带领的创意团队。以多元整合家具搭配专业室内设计，营造出北欧、美式乡村、简约的居家风格。
设计特色：环保、无毒建材，创造健康环境；绝对实用，面面俱到的收纳功能；多功能整合组合家具、室内设计施工，省时打造功能完善的家。

目 录

幸福集散地·
南台湾的地道北欧风情

1.**造型壁炉**：柴薪与造型壁炉设计，在进门处点燃一丝暖意。

坐落位置 | 高雄
空间面积 | 76m²
格局规划 | 客厅、餐厅、厨房、书房、主卧室、儿童房、卫浴×2
主要建材 | 文化石、组合柜

　　早已让暖阳晒干的木块整齐地堆在一旁，壁炉里的柴薪也准备就绪，等着晚归的主人点燃满室暖意。从进门处延伸的白色木作天花板，经过大梁与吊隐冷气转折出三折式的斜屋顶线条，黑色球形藤编灯具在餐区洒落温暖光晕。从家具、窗帘、灯饰及饰品等软装细节出发，打造南台湾的北欧风情。

1.天花板线条： 从进门处延伸的白色木作天花板，经过大梁与吊隐冷气转折出三折式的斜屋顶线条。

1.**软件配置**：从家具挑选、窗帘配色到挂钩线条，决定居家风格的定位。
2.**廊道**：木作半拱书房门与内嵌在壁面的造型书架，打造休闲随兴的廊道阅读区。

1.**衣柜**：低甲醛组合柜配置木作造型门，保持风格统一，两侧铁网门板的设计具备透气与美观的实用功能。

2.**建材串联**：循着文化石、秋香木色墙面，与横竖交错拼贴的木纹地面线条延伸串联内外。

3.**餐厅**：设计师利用梁下墙体厚度内嵌餐柜，仅露出木色门与饰品、挂画共同织构餐厅主墙风景。

设计师充分利用柜子与墙面的畸零处，严选造型小物让风格完整到位，内嵌于餐厅主墙的壁柜更搭配造型壁饰营造北欧小屋的温馨氛围。循着文化石、秋香木色墙面，与横竖交错拼贴的木纹地面线条进入内屋，木作半拱书房门板与内嵌于壁面的造型书架，打造休闲随兴的廊道阅读区，主卧室中延续文化石元素呼应主题，而儿童房亦通过材质与天花板线条的延伸，从色系、线条各方面，达到空间规划的一致性。

程氏设计有限公司 · 设计师 程礼志

呼吸馨香·
演绎北欧生活

坐落位置｜台中市・西区
空间面积｜113m²
格局规划｜客厅、餐厅、厨房、主卧室、长辈房、书房
主要建材｜镀钛板、黑镜、明镜、梧桐木、橡木、不锈钢

1

设计师以利落的线条和纯净的色调，营造出现代感的时尚品位，并在有限的空间里缔造优越的生活，迎合年轻夫妻对高质感住家的渴望。进入室内，客、餐厅整体布局以开阔的形式表现，营造宽敞及顺畅的活动空间；区域中则盈满木质的馨香，散发舒缓、休闲的温馨氛围。

现代几何线条、塑像般的电视墙面，三种尺寸的梧桐木与穿透感的玻璃结合，并与后方的书房做连接，营造整体的轻盈与设计感。来到主卧区域，设计师利用简单、自然、温暖的材质表现朴质纯粹，立面上以橡木格栅塑造床头及更衣室，并以4cm及8cm的不同厚度切割出倒V的层次，彰显丰沛的设计感。

1.**木质馨香**：开放的客、餐厅，呈现宽敞及顺畅动线；区域中则盈满木质馨香，散发舒缓温馨氛围。

2.**玄关收纳**：玄关与餐厅区以鞋柜做划分，取得人本功能与设计美学间的平衡，切割的线条与黑镜的表现让柜子仿佛魔术箱，创造新时代的空间概念。

3.**电视墙**：现代几何线条、塑像般的电视墙面，三种尺寸梧桐木与穿透感的玻璃结合，并与后方的书房做连接，营造整体的轻盈与设计感。

1.**书房**：与客厅电视墙公用的书桌台面，拥有相同的设计及材质，并通过百叶窗的屏隔划分出独立的私人空间。

2.**风格融合**：休闲感的床头立面与现代科技感的电视墙，荟萃各种风格的优点。

克俐凯文建筑空间设计·设计师　蔡竺欣

温雅·
北欧风情

　　"落雨花香，鸟语虫鸣。以纯净无瑕的白色场景营造出北欧的悠活步调。"以木质元素的恣意游走，串起简约线条的家具摆设。大面积的落地开窗弱化了室内与户外的形体边界，将绿意、采光循序带入，轻谱一室享食美景。由沁白漆色与原木触感构成的彩度计划，传达出内敛和缓的设计力度。

　　电视主墙以自然光感所透射出的唯美质韵，融入框景概念并巧妙整合实用功能。内敛简约的家具款式，衬托木质元素的高雅格调。顺应结构大梁而生的区域关系，定义着个别独立的功能范围。接续地面脉络的恣意游走，逐步拓深了纵向尺度的动线规划。阁楼空间创造犹如度假小屋般的居住体验，伴随着昼夜推移叠合出绚丽表情，无论是沐浴阳光洒落，还是遨游无垠夜空，从此无须假手外求。

坐落位置 | 新北市·新店
空间面积 | 123m²
格局规划 | 1F：玄关、客厅、餐厅、厨房、储物间
　　　　　 2F：起居室、次卧室×3
　　　　　 3F：书房、主卧室、工作室
主要建材 | 木作、木皮、色漆、金属砖

1.玄关：双色间错的柜面层次，搭配不落地的量体形式，轻盈处理进门玄关处所需的收纳功能。
2.电视主墙：以自然光感透射出的唯美质韵，融入框景概念一并整合实用功能。
3.色彩搭配：由原木触感与净白漆面构成的色彩计划，平静单纯之中蕴含着极具力度的设计能量。
4.区域划分：顺应结构大梁而生的区域划分，定义着个别独立的功能关系。
5.书房：开放延伸下的设计线条，推出类别不同的收纳配置。
6.阁楼卧室：有着度假小屋般的居住体验，随着昼夜推移叠合出绚丽表情，享受阳光洒落与满天星斗。
7.功能细节：采取隐藏设计的暗门把手，兼具美观及实用性。

坐落位置	新北市
空间面积	83m²
格局规划	3室2厅2卫
主要建材	超耐磨木地板、木皮

在家描绘一幅缤纷北欧风情画

睿丰空间规划设计有限公司·设计师 林昌毅 & 王淑桦

　　购房的目的不外乎自住或投资增值，房主在一开始即表明本案是自住几年后，预计未来要脱手换大房的，因此希望维持既有的格局，再通过设计师的风格演绎，增色空间设计。喜爱纯白北欧风格的房主，同时也热爱缤纷的色彩，因此设计师借助染白木皮的色底铺陈，搭配鲜活明亮的色彩，在简约线条中架构出专属的北欧情调。

　　从具有遮挡穿堂煞功能的树影屏风进入室内，浅白空间里，灰色墙面上跳接两条宛若礼物缎带的粉红饰带，营造每天都有惊喜感的甜蜜概念；一旁开放式规划的书房亦利用造型层架妆点，爱心旁多加一点的线条，打造出"每天爱你多一点的"浪漫氛围。单纯的几何图形从客厅游走，延续至走廊并串联主卧室，隐喻风起花飞意象；利用穿透清玻璃规划的书房中，白色书柜底墙涂饰带来好心情的土耳其蓝；薄荷绿塑造的主卧室中，在角落置放深紫色造型衣柜，搭配亮黄色的更衣室，缤纷明亮每一天。

5

1.**玄关**：定制的原木树影屏风阻挡穿堂煞，也带来些许自然温暖气息。

2.**书房**：白色柜子后漆饰土耳其蓝色彩，营造轻盈舒爽的阅读心情。

3.**琴房**：书房的另一方规划为琴房，黑色大型钢琴在缤纷壁纸背景烘托下，练琴时光也能很愉悦。

4.**开放格局**：开放界定的客厅与书房，位于同一片日光照耀中。

5.**几何线条**：多边角切割的凹凸几何线条，从墙面延伸到天花板修饰大梁，也经过廊道串联主卧室，隐喻风起花落的微风吹拂意象。

6.**廊道**：清玻璃隔断的书房引入日光明亮廊道动线。

7.**梳妆台**：设计师在薄荷绿的主卧室中定制梳妆台与化妆镜，圆弧童趣的线条符合女主人可爱的个性。

6 7

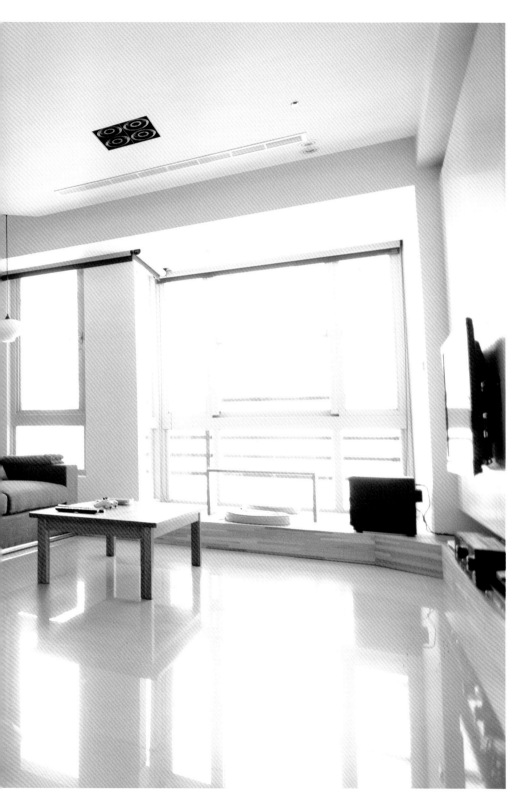

北欧和风·
东西交融的完美平衡

筑鼎室内装修设计·设计师 詹智翔

坐落位置 | 新北市
空间面积 | 46m²
格局规划 | 三玄关、客厅、餐厅、和室、书房、主卧室、卫浴
主要建材 | 烤玻、实木板、海岛型木地板、烤漆、铁艺

1 2

本案结合简约纯净的现代北欧与禅韵静定的日式和风，通过木作温润的质感开启北欧和风的崭新定义。

大面积白色柜子引导进入室内的动线，接续鞋柜、收纳柜，直至窗边电视柜做成一体成形的规划；而整齐干净的立面线条内，混搭白木皮板、白色烤漆玻璃与烤漆木作三种建材，通过层叠、分割线条划分功能区域，增添立面层次；用离地35cm的悬吊柜设计，辅以长形光带与木质底座，营造无限延伸之感。

考虑家中人口简单，除了划分出独立的卧室与卫浴功能外，全室采用开放式设计。在客厅区架高15cm地板作为舒适的日光和室，或与三五好友泡茶，或倚窗眺望，都会让人舒适惬意；而餐厅旁架高地板则规划为书房，除了衣柜用于收纳外，地板下还设计了长抽屉用于收纳大型物件，平常隐藏在墙缝内的铁艺拉门，则是方便有客人留宿时使用。

在木色点缀的白色基调里，客厅沙发背景墙上的英国进口壁纸延续至后方书房墙面，咖啡牛奶的色泽选搭，随着向光面的移转，在室内投射出不同的情境氛围；而色彩变化的魔法来到卧室中，则改以淡蓝色日本壁纸渲染静谧氛围，以达到北欧和风的完美平衡。

1.**北欧和风**：在19层楼高的L形开阔视角处，构筑日光简约的北欧基底，开启北欧和风的崭新定义。

2,4.**柜子设计**：混搭白木皮板、白色烤漆玻璃与烤漆木作，通过层叠、分割线条划分功能区域，增添立面层次。

3.**光带延伸**：离地35cm的悬吊柜，辅以长形光带与木质底座，营造无限延伸之感。

1.**餐厅**：光源汇聚处规划温馨用餐环境，简单白墙缀饰照片墙，让缤纷的生活记忆丰富空间。

2.**切割线条**：衣柜门隐没于细浅的切割线条内，素雅和白净保留一室纯粹给卧眠空间。

3.**和室**：设计师在客厅区架高15cm地板作为舒适日光和室，或与三五好友泡茶，或倚窗眺望，都会让人舒适惬意。

4.**书房兼客房**：平常隐藏在墙缝内的铁艺拉门，方便有客人留宿时使用。

5.**主卧室**：淡蓝色日本壁纸渲染静谧氛围，达到北欧和风的完美平衡。

伊家设计·设计师 林辉明 & 李湘婷

湖水绿轻抚·
北欧仲夏梦

坐落位置 | 中坜
空间面积 | 92m²
格局规划 | 玄关、客厅、餐厅、厨房、
书房、主卧室、次卧室、卫浴×2
主要建材 | 南非黑大理石、超耐磨木地板、
烤漆完成板、进口花纹玻璃、贝壳砖

走进空间中，白色的基底跳出湖水绿色彩，以漆色或贝壳反光材表现，层次丰富却不失简单的惬意。

从玄关进入室内，设计师将层板修以圆弧、底墙衬入镜材，让视觉有了延伸感；而复古砖的地面，带动了空间色彩的表现。客厅临窗部分，预留一处卧榻区作为房主的休憩空间。

原格局厨房位居整体中心位置，以致三个私人空间需借助廊道来串联，狭小动线压缩了活动空间。设计师打破限制将厨房位移，并加以穿透性的书房延伸，居家新核心"餐厅"显得更加宽阔；考虑到大梁与餐桌的重叠性，将梁体以木皮包覆修饰，增加了空间的美感。

推开门扉，主卧的立面墙呈现树枝的自然意象，使玄关与餐厅拥有了端景，同时也让公、私人区域之间有了完整对话。来到卫浴空间，设计师通过瓷砖与贝壳砖的材质特性，自然放大空间感受。

1.**色彩运用**：走进空间中，白色的基底跳出湖水绿色彩，以漆色或贝壳反光材表现，层次丰富却不失简单的惬意。

2.**空间风格**：设计师专门为房主设计的北欧风情宅清新且富于活力。

3.**格局配置**：原格局厨房位居中心位置，以致三个私人空间需借助廊道来串联，狭小的线不仅压缩了活动空间，而且影响了空间的轻松休闲感。

4.**餐厅**：考虑到大梁与餐桌的重叠性，设计师将梁体以木皮包覆修饰，美化视感的同时还使家居空间显得更加规整。

5

1.**动线与家具整合**：开放式规划的冰箱量体位置，利落整合出动线与实用性。

2.**餐厅与书房**：打破设计限制，移动厨房位置，穿透性延伸书房，使整个空间更显宽阔。

3.**卫浴**：原本老旧的卫浴空间，通过瓷砖与贝壳砖的重新设计，有一种自然放大空间的感受。

4.5.**主卧室**：为让玄关、餐厅拥有端景，在主卧添置树木意象，让公、私区域之间有了完整对话。

记忆·北欧温馨生活

坐落位置 | 桃园市
空间面积 | 92m²
格局规划 | 玄关、客厅、厨房、餐厅、书房、主卧室、儿童房、更衣室、卫浴×2、前后阳台
主要建材 | 日本硅酸钙板、ICI乳胶漆、永新集成防腐角材、LED灯具、组合家具使用EGGER E0/E1 V313材质、KAINDL E1 V313材质、门板角链使用德国进口HETTICH角链、英国OMAYA缓冲角链、QS超耐磨木地板

1.**木作空间**：简约温馨的空间氛围里，设计师以大量木作元素铺陈，从柜面到地面皆采用耐刮耐脏的超耐磨木地板建材。

2.**隐藏线条**：无把手鞋柜的隐藏门，以浅色木作腰带丰富立面。

3.**简约线条**：将空间线条减至最低，留白让酸甜苦辣的生活记忆填满。

4.**餐厅**：开放规划的客、餐厅里，利用墙面规划展示层架，并以明确的主墙表情界定餐厅区域。

5.**书房**：墙边柜中柜的书柜设计，在简约空间里注入视觉趣味。

6.**主卧室**：打通两间卧室，拉大主卧格局，除增设更衣室外，调整卧床位置，避开床头的压梁，从而架构出完美的生活动线。

　　本案虽有4室2厅，但实际使用并不方便，设计师依照房主的生活蓝图，拆除客厅旁的卧室墙面，以电视矮墙规划开放式书房，并将厨房上半部墙面穿透规划，同时增设活动卷帘拉大客厅视感；后推局部厨房，将冰箱与电器柜整合于相同立面，简化了零碎区域线条；最后打通两间卧室拉大主卧格局，除增设更衣室外，调整卧床位置后避开了床头压梁，架构出北欧极简生活的完美动线。

　　简约温馨的空间氛围里，以大量木作元素铺陈，从柜面到地面皆采用耐刮耐脏的超耐磨木地板建材，让精力旺盛的小孩能自由活动成长，无把手鞋柜与隐藏门的设计手法，将空间线条减至最低，让酸甜苦辣的生活记忆填满留白。

打造北欧风居家游乐场

坐落位置 | 竹东

空间面积 | 35m²

格局规划 | 玄关、客厅、厨房、中岛吧台、卧室

主要建材 | 硅酸钙板、ICI乳胶漆、防腐集成角料、LED灯、egger组合柜、QS超耐磨木地板

1.北欧温馨： 设计师保留原房格局，仅在立面处以浅色木作铺陈北欧温馨。

3

1.**餐厨区**：拆除厨房墙面，让中岛吧台演绎区域划分与用餐的双重功能。
2.**柜子**：收纳功能整合于游走墙面上的柜子，有变化的柜面铺排增添了立面的丰富度。
3.**大游乐场**：少了庞杂的生活感，留下孩童在大游乐场里的嬉戏笑声。
4.**卧室**：延续简约温馨的空间线条，在小细节处变化活泼氛围。

4

　　拥有四层楼别墅的房主，喜欢北欧温馨风格，设计师保留原房格局，仅在立面处以浅色木作铺陈，同时拆除厨房墙面，让中岛吧台演绎区域划分与用餐的双重功能，并将收纳功能整合于游走墙面上的柜子，既减少了庞杂的生活感，又能留下孩童在大游乐场里的嬉戏笑声。

简约轻北欧·
老屋风华

　　进门处情境式的大幅图画，仿佛预告着区域氛围的整体调性，这里刻意不将柜子做满，以防太过拥挤和呆板，而将木皮自壁面延伸铺过天花板，创造出一种无拘自在的风格。

　　灵活运用百变组合柜创意混搭术，在细心刻画独一无二专属风格的同时，不忘精算面积利用的最佳化。同时保留主卧室原来的开放式衣柜，巧妙加上门后，赋予了柜子全新的生命力，兼顾节省原则和环保概念。

坐落位置 | 高雄
空间面积 | 51m²
格局规划 | 玄关、客厅、餐厅、厨房、主卧室、次卧室、卫浴
主要建材 | 文化石、组合柜、人造石、烤漆玻璃、柔纱帘、LED、灰镜、茶镜、俏佳人镜、梧桐木皮、木作

1

2 3

1.**餐厨区**：餐厅和厨房通过中岛吧台整合串联，以多功能"餐厨区"的概念重新呈现。
2.**廊道**：在有限的廊道空间内，以滑动式门取代推拉门，避免了门旋转半径下的破碎空间。
3.**开放式展示柜**：在电视墙上方规划开放的展示空间，让房主的精心收藏能大方分享。
4.**玄关**：刻意不将柜子做满，让空间更加活泼轻盈。
5.**书房**：开放式的层板安排，让空间利用更加无拘无束。
6.**主卧衣柜**：保留原来的开放式衣柜，巧妙加上门后，赋予了柜子全新的生命力，兼顾节省原则和环保概念。

　　由于是旧房翻新，所以在动线和格局规划上以更符合使用者的生活习惯为首要课题，将原先的2室1卫扩充成3室2卫，同时将餐厅和厨房通过中岛吧台整合串联，以多功能"餐厨区"的概念重新呈现，不仅让视野空间更加宽敞开阔，也让功能应用更加精彩多变。

简约 · 绝美 · 轻北欧

从全新思维的功能美学概念出发，将空间运用化繁为简，开放式的格局规划，展现开阔通透的绝佳视觉感受。

坐落位置 | 板桥
空间面积 | 28m²
格局规划 | 客厅、餐厅、厨房、主卧室、和室、卫浴
主要建材 | 抛光石英砖、雾面石英砖、法国白橡木、板岩砖、组合柜、茶玻、黑玻

1.**电视主墙**：侧边上方的局部镂空，经过茶玻璃的精心安排，保留了视线的延伸穿透。
2.**沙发背景墙**：以组合柜搭构而成的中岛吧台，其恰到好处的台面高度，在满足功能需求的同时，界定出完整的客厅区域。
3.**和室**：在黑玻璃的精心安排之下，让空间感更加开阔通透。
4.**卫浴**：相当有限的卫浴空间，功能设定一样完整精彩。
5.**卧室主墙**：感受极具设计张力的功能设定，浅浅带过的勾缝线条，对比出视觉层次的精彩表现。
6.**卧室**：清新素雅的配色运用，表达空间优雅自信的表情。

　　在利落线条的细心刻画下，展现现代简约中的北欧风情，白净清透的配色运用，表达出宽敞明亮的空间表情。以组合柜搭构而成的中岛吧台，作为Π字餐厨区延伸，取代了原先单调不敷使用的一字型厨房，恰到好处的台面高度，在满足功能需求的同时，一并界定出完整的客厅区域。

　　侧边上方的局部镂空，经过茶玻璃的精心安排，保留了视线的延伸穿透；以染白处理后的法国白橡缜密拼贴，在一片轻盈优雅中，品味细致温润的淡淡木纹；转过身来到电视主墙后方，灵活轻巧的功能设定，传达出极具设计张力的活泼浪漫，而浅浅带过的沟缝线条，对比出视觉层次的精彩表现。

乐活轻北欧 ·
纾压新概念

　　以色泽温润的梧桐木皮描绘出北欧风情中的悠闲惬意，设计师将空间化繁为简，通过简洁利落的视觉线条，辅以天然的材质表情，重塑个性化美感居家风格，直觉式的流畅动线，让空间从此与生活习惯紧密相依。

坐落位置 | 台北
空间面积 | 97m²
格局规划 | 客厅、餐厅、厨房、主卧室、书房、更衣室
主要建材 | 组合柜、木作、茶镜、瓷砖、超耐磨木地板、梧桐木皮

1.**手作木感**：以色泽温润的梧桐木皮手作质感营造北欧风情中的浓浓惬意。
2.**书房**：开放式的多功能书房，绽放功能运用的无限可能，刻意不将柜子做满，让生活回忆妆点每个创意角落。
3.**餐厅面向厨房**：采取双开式门处理恼人油烟问题，在玻璃的隐隐穿透之下，保留了些许视觉延伸。
4.**女儿房**：利落简洁的自信线条，以优雅气质回应品味纯粹。
5.**餐柜**：通过上下柜与开放层板的紧密连接，以全新思维的功能美学原则，满足餐厨空间的收纳需求。

1.沙发背景墙：贴心安排的隐藏式画轨设计，可供房主随心境灵活置换风格画作。
2.儿童房：青春洋溢的浪漫配色，体验童话梦境般的生活空间。
3.主卧室：通过局部的间按照明，营造出向上延伸的轻盈视感。

　　设计师针对房主的需求，进行格局的规划与再造，将原先次卧空间的墙面拆除，以开放式的多功能书房绽放功能运用的无限可能；刻意不将柜子做满，利用展示台面的巧妙安排，让生活回忆妆点每个创意角落；而导角斜切式的桌面表现，让人在家的温馨氛围中感受到迷人的细致品味。

　　利用主题式的电视背景墙，将空间焦点重新界定，让影音设备退居在侧，维持主视觉面的清爽简洁；天花板局部的层次表现，不仅保留了完整屋高，更将吊隐式冷气机婉转修饰，柔和的间接照明，让人不自觉地忘却了大梁压迫的存在；而贴心的画轨安排，成就了空间的百变表情。

无压·自然· 北欧居家

　　走进设计师精心打造的北欧风居家，整体以白色调为基底，带给人一种无压的舒适感受；淡雅超耐磨地板铺陈的公共空间，纹理清晰的木质传达出自然原色，简单不加修饰的天花板线条，增添了少量的玻璃和辅助灯光，简约中温馨清爽感油然而生。

　　玄关转角的隔屏以玻璃取代实墙，不仅保持光线通透且顺势创造出美丽端景，让人一进门就有好心情。壁面中段以花纹壁纸妆点，在墨绿色的粉刷墙的衬托下，有将空间拉宽的视觉效果，加上层板及高低深浅不同的组合柜的变化，客厅空间虽然线条简单却不失设计感，阐明了北欧居家风的主要精神。

坐落位置｜新北市·树林
空间面积｜69m²
格局规划｜3室2厅2卫
主要建材｜超耐磨木地板、胶合玻璃、组合柜、壁纸

　　为使公共空间放大、动线开阔，设计师将厨房的门去掉，将柜子以悬浮镂空的形式设计，让整体空间显得轻盈。另外，在厨房外侧增加一个小吧台，同时兼具工作台面使用，也是串联一家人情感的小角落。

　　天花板设计为不同的层次，玄关、餐厅和厨房以较低的圆弧收边至天花板，无形中将空间区域划分开来，也凸显客厅挑高空间的气派宽敞。餐厅运用大面镜反射出优雅美丽的吊灯和静谧的用餐环境。

1.餐厅： 不同的区域有不同层次的天花板设计，分别以圆弧收边至天花板区域以划分空间，同时也凸显客厅挑高空间的气派宽敞。

2.玄关： 玄关转角的隔屏以胶合玻璃取代实墙，光线通透并顺势创造出美丽端景，让住户一进门就有好心情。

3.吧台望向餐厅： 餐厅大面镜反射出优雅美丽的吊灯和静谧的用餐环境，空间放大了，心情也跟着开阔起来。

4.电视主墙： 壁面中段以花纹壁纸妆点，在墨绿色的粉刷墙的衬托下，有将空间拉宽的视觉效果。

5.吧台： 开放式的厨房外增加了一个小吧台，吃早餐或轻食时一家人可以有很好的互动及情感联系。

现代北欧的小确幸

设计师林嘉庆将书房与厨房的封闭破除，运用玻璃帷幕为隔断，打造入室后大视角的空间表情，且设计层面上为了烘衬出所期望的现代北欧精神，以水晶灯点缀玄关段落，且导入夹砂玻璃端景，形成舒适明亮的光影起点。

坐落位置 | 新竹市
空间面积 | 69m²
格局规划 | 玄关、客厅、餐厅、厨房、书房、主卧室、儿童房×2、卫浴×2
主要建材 | 德国组合柜、高级壁纸、水晶灯、玻璃、镜子

1.沙发背景墙：书房与客厅之间半高度的实木皮背景墙，以原木意象带出大器氛围。

061

1.**玄关**：设计层面上为了烘衬出所期望的现代北欧精神，以水晶灯点缀玄关段落，且导入夹砂玻璃端景，形成舒适明亮的光影起点。

2.**立面设计**：入门后，大面积的木皮顺势延伸、铺陈，隐藏入开关箱以及鞋柜功能。

3.**天花板造型**：天花板处圆弧收尾，以柔和造型软化了天际表情。

进门后，大面积的木皮顺势延伸、铺陈，隐藏了开关箱及鞋柜，背向处看似难以运用的小空间，加入了收纳柜与层板设计，达到最大化巧妙活用。功能部分，设计师倾听房主公共区域暂不需影音设备的想法，将主墙面覆以烤漆玻璃，配置阅读桌椅，创造出小朋友玩耍的空间。圆弧收尾的天花板，以柔和造型软化了天际表情，创造公共区领焦点画面。沙发背景墙后方设计多功能书房，组合柜色彩拼接变化出与空间集合的大端景画面。

原格局中昏暗的廊道，除通过儿童房内缩加大尺度外，还运用储物间作为采光导入，加上其侧向展示，带出了行进中的美好风景。

1.**书房**：多功能运用的书房空间，以色彩组合柜拼接，变化出公共区域的大端景画面。

2.**用餐区**：破除格局的开放式设计，顺势带动了餐、厨与吧台的串联性关系。

3.**主卧室**：粉色系的主卧空间，铝框玻璃门以利落轻盈呈现床尾质感。

4.**男孩房**：无论是将过道内缩后的儿童房，还是因风水考虑而设计的床头，皆与空间有了完整结合。

澄境室内设计有限公司·设计师 郑抿丹

日光·猫屋·
北欧人文

　　暖暖的阳光照射进来，从轻纱窗幔外爬上沙发后方的照片墙，柚木餐桌，躲在厨房烤漆门角落的小猫，房里的四只宝贝爱猫，都是主人的最好。房主不喜爱一成不变、风格既定的居家样貌，设计师还原空间最原始的纯粹，将大量收纳藏于整齐隐约的设计线条内，以"回"字型轨道取代窗帘盒，并将厨房门切齐至天花板高度，让北欧风格的简约纯净定义生活表情。

　　设计师拆除客厅后方卧室墙面，以落地清玻架构四只小猫活动、休憩的专属猫房，沿着主墙面延伸的枝干造型经过多次讨论与修正，细细斟酌坡度、滑度与动线，并在墙面上独立镶嵌弹跳平台与造型猫屋，让猫儿有更多的玩乐选择。而窗下柜为收纳猫食、猫砂等的储物柜子，是猫咪们最喜爱的休憩角落，设计师另在柜门上雕饰猫掌造型开孔，贴心依照猫儿的习性规划安眠空间。

　　延续一贯的净白简约，L型大面角窗下的柚木大床与压低的床边桌，塑造出静谧温暖的主卧室氛围，而床尾处则呼应窗型线条，沿着墙面转折规划L型展示柜，搭配艺术质感的画作与黑白照片，构筑出一幅极简时尚的生活风景。

坐落位置 | 台北市·万华区
空间面积 | 69m²
格局规划 | 客厅、餐厅、厨房、猫屋、主卧室、卫浴
主要建材 | 实木皮、铁艺、烤漆、玻璃

1.尺度拉大：超过240cm的沙发背景墙的门高度，拉升了房高并提升了敞阔感。
2.北欧人文风景：爱猫的黑白艺术照、设计师款灯具与家具，构筑一幅北欧人文风景。
3.白色系简约：设计师还原空间纯粹本质，以简约白色系打造让房主看不腻的风格住家。

Wachifield

1.**猫房**：设计师为房主的四只爱猫量身定制独一无二的玩乐、休憩空间。

2.**餐厅**：柚木餐桌椅在白色净莹中跳出视觉亮点，隐去两旁厨房与客卫浴的门动线。

3.**主卧室**：柚木大床在日光照拂中，简约中带有温暖质朴。

4.**极简时尚**：黑与白的单色，构筑角落端景的极简时尚。

灵气浑厚空间·
绽放北欧芬芳

本案中运用温润自然的素材，舒缓人们劳顿已久的心灵，让返家的人找到家的归属感。推开门进到屋内，迎面而来的是木头独有的扑鼻芬芳，温暖亲和的人情况味，也演绎着北欧的悠闲惬意；而客餐厅则置于同一面向，采用开放式的形态呈现，让公共空间扩充到最大化。

区域内，设计师将所有线条都化繁为简，并以梧桐风化木铺设设计的基调，从客厅的电视墙到餐厅的收纳柜与立面，均以相同木质元素建构灵气浑厚的空间。此外，电视墙的左右侧以玻璃推门将后方的书房连接相通，除了让动线无碍，也紧密维系家人间的情感。主卧室立面线条简洁，让休憩起居空间纯粹干净，也融入了细腻的观察和体验，刻画每个线面的起落。

坐落位置 | 新北市
空间面积 | 115m²
格局规划 | 客厅、餐厅、厨房、书房、主卧室、儿童房、长辈房
主要建材 | 梧桐风化木、铁艺烤漆、木集层材、玉砂玻璃、烤漆玻璃

1.**北欧风情**：推开门扉进到屋内，迎面而来的是木头独有的扑鼻芬芳，堆砌出温暖亲和的人情况味，也演绎着北欧的悠闲惬意。

2.**木质为基调**：设计师将所有线条都化繁为简，并以梧桐风化木铺设设计的基调，从客厅的电视墙到餐厅的收纳柜与立面，均以相同木质元素建构灵气浑厚的空间。

3.**书房**：书房辟出一处幽静天地，供房主阅读与作业；而左右侧则以玻璃推门与后方的电视墙连接相通，除了让动线无碍，也紧密维系家人间的情感。

4.**长辈房**：设计者运用温润自然的材质，并以天空蓝为空间色彩，舒缓人们劳顿已久的心灵，让返家的人找到家的归属感。

5.**主卧室**：主卧室立面线条简洁，让休憩起居空间纯粹干净，也融入了细腻的观察和体验，刻画每个线面的起落。

尚屋设计·设计师 郑秋如

暖色北欧自在居

　　进入室内，即能感受自然、简约的北欧氛围，设计者跳脱以往以白色为基调的印象，为此案妆点上暖色的调性，用简单、自然、温暖的材质，营造简洁温馨的氛围。挑高3.6m，以开放式的空间制造绝佳的视野，也通过公共区域的合理划分，演绎完美的空间表情。

坐落位置｜台北市·内湖
空间面积｜30m²
格局规划｜客厅、厨房、主卧室、客房
主要建材｜文化石、木皮、超耐磨地板

设计师将旧的格局重组，改变入口处与厨房的位置，让动线更加流畅；开放式客厅与厨房，让区域内没有任何的压迫。同时也通过灯光、材质、线面间的铺陈，例如在电视墙以烤漆玻璃及平行的灯带，来表现层次变化以及巧妙隐藏配电箱，塑造出优雅的品位居宅。

依循单身女房主的需求，在厨房规划了小型吧台，巧妙运用空间并增加功能性的使用，旁侧的立面墙则以粗犷的文化石肌理，表现自然斑驳与人文质感。一层的主卧室，空间氛围和谐舒适；二层的客房则让细致况味与空间价值交互串联。

1.**小型吧台**：依循单身女房主的需求，在厨房规划了小型吧台，巧妙运用空间并增加功能性的使用，旁侧的立面墙则以粗犷的文化石肌理，表现自然斑驳与人文质感。
2.**客房**：二层的客房也可作为书房使用，坐榻处以玻璃形塑穿透感，也让细致况味与空间价值交互串联。
3.**主卧室**：设计者在空间中营造舒适氛围，主卧室的收纳柜面则以斜纹木来表现层次肌理。
4.**空间表情**：挑高3.6m，以开放式的空间制造绝佳的视野，也通过公共区域的合理划分，演绎完美的空间表情。

4

随性优雅的北欧Loft宅

设计者使用自然界的材质与原色，营造出无压的舒适氛围，以干净基调的Loft为主轴，并带着风格清新的北欧简约，塑造年轻男房主的家。入门处的隔板及壁面采用天然的木材，通过材质堆砌出区域表情，线条的切割给予空间舒缓、放松的第一印象，温馨的暖意缓缓流泻于其中。

视野开阔的公共空间，以开放的角度描绘利落线条，呈现轻快明亮的节奏；恢宏的客厅运用线与面的大面积处理，选择天然木材搭配石材来铺陈电视主墙，呈现干净简约的当代风格。依循客户需求，特地在餐厅旁规划一间书房，开放式柜子以悬吊的方式表现其干净利落，并善用空间作为收纳使用。白色为基底的主卧室，以低彩度的色调让空间舒展开来，烘托出卧眠的温度，使幸福的感动油然而生。

坐落位置 | 高雄·左营
空间面积 | 82m²
格局规划 | 客厅、餐厅、主卧室、书房、长辈房、更衣室兼储藏室
主要建材 | 实木木皮、铁艺、超耐磨木地板

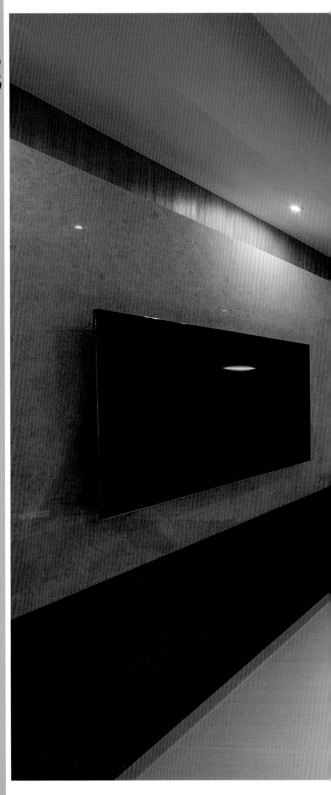

1.**玄关**：入门处的隔板及壁面采用天然的木材铺设，让温馨的暖意缓缓流泻于区域中。

2.**公共空间**：视野开阔的公共空间，以开放的角度描绘利落线条，呈现轻快明亮的节奏。

3.**空间氛围**：使用自然界的材质与原色，营造出无压的舒适氛围，以干净基调的Loft为主轴，并带着风格清新的北欧简约。

4.**书房**：依循客户需求特地在餐厅旁规划一间书房，开放式柜子以悬吊的方式表现其干净利落，并善用空间作为收纳使用。

5.**主卧室**：白色为基底的主卧室，以低彩度的色调让空间舒展开来，烘托出卧眠的温度，让幸福的感动油然而生。

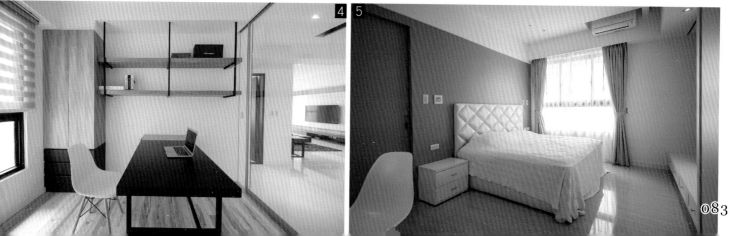

澧富空间设计 · 主持设计师 黄豪程

岛国之南享北欧纾压气息

　　蓝天下的大地，少了云朵遮蔽，覆盖上些许昏黄微影，黝黑的孩子不惧炙人艳阳，眼睛里闪烁着活力光芒，交织出南台湾的印象风情画，但热情的南岛国度还是需要一些沁凉微风调和生活温度，白色的文化石墙、染灰的梧桐木及童趣的壁贴，澧富设计以北欧设计表情打造一方纾压用餐空间。

坐落位置｜高雄·凤山

空间面积｜294m²

格局规划｜1F：户外用餐区、用餐区、收银柜台、吧台、厨房、公用厕所

　　　　　　2F：厨房、休闲用餐区、VIP会议区、户外休闲区

主要建材｜梧桐木洗灰、文化石、石材、玻璃、铁艺

上下两层楼的用餐空间，已拆除隔断墙，打通两户开阔呈现，单层占地211m^{2}用地，仅户外用餐区就占了92m^2，让融入自然的舒适写意更为完整；天花板处的梧桐木洗灰辅以立体造型线条，具有温度的设计感线条从户外向内延伸。

室内色温略带冷调，澧富设计在既有的设计语汇上增设白色文化石墙，丰富氛围层次。收银柜台旁的轻食吧台区，设计师依照业主需求规划用餐桌面，仿日式吧台设计能与顾客有更密切的互动。

较为隐秘的二楼空间主要为商务社团聚会之用，除了休闲餐区的规划，另有会议桌的设置；而户外露台也架设木作平台、棚架，呈现自在不羁的情调，在相同的设计线条中，设计师以多元弹性的空间配置，满足不同的使用需求。

1.**端景设计**：胶合玻璃与梧桐木洗灰造型墙面掩去后方卫浴，让展示柜中的彩色杯盘组聚焦空间视野。
2.**纾压用餐空间**：白色的文化石墙、染灰的梧桐木及童趣壁贴，澧富设计以北欧设计表情打造一方纾压用餐空间。
3,4.**户外休闲区**：户外露台也架设木作平台、棚架，呈现自在不羁的情调，在相同的北欧语汇中，设计师以多元弹性的空间设计，满足不同的使用需求。
5.**设计感角落**：融入铁艺线条与灯光的造型书墙，与一旁加入童趣壁纸包覆的电梯，少了冷冽工业感，成为最有味道的设计感角落。
6.**二楼**：较为隐秘的二楼空间主要为商务社团聚会之用。

齐舍设计事务所·专案设计师 简武栋 & 柳絮洁

随性自在的北欧风格精髓

　　对于家的蓝图，在找寻设计师前已深植于本案房主的心中，因在过往生活中总少了家人共聚的时光与场合，购入这套十年左右的二手房后，期待重新架构家人间的情感链，连家具款式亦有自己的挑选主张，能在打开共同生活的公共空间里，以最放松、最无束的姿态，享受无压自然的简单生活。

坐落位置｜台北市
空间面积｜87m²
主要建材｜玄关、客厅、餐厅、厨房、主卧室、儿童房×2、卫浴
格局规划｜文化石、海岛型实木地板、漆料

　　长形的空间格局，设计师依照房主的生活习惯调整格局大小，开放规划玄关、客厅、餐厅及厨房里，因较少开伙的生活习惯，设计师将大部分空间保留给客、餐厅使用。几乎无断续的窗景日光照亮以活动电视柜划分的客、餐厅，设计师预留视听器材管线孔洞在地板处，保持房主指定款电视柜的利落线条，并兼具书柜的实用功能。

　　相较于风格鲜明的设计款座椅，设计师挑选质朴自然的实木茶几与餐桌呼应文化石墙与实木地板，天花板处亦不多加修饰，仅以轨道灯呈现自然原味，简单的立面则以造价不菲的上质造型书架加分；在每个成员的私人区域里依照不同的个性，装饰出专属的房间品位，看似不着痕迹的设计力道，正表现出随性自在的北欧风格精髓。

1.**连续窗景**：几无断续的窗景日光
照亮以活动电视柜划分的客、餐厅。
2.**电视柜**：设计师预留视听器材管
线孔洞在地板处，保持房主指定款
电视柜的利落线条。
3.**客厅**：风格鲜明的设计款座椅，
是房主在空间规划之初已构思好的
设计主景。
4.**天花板**：天花板处亦不多加修
饰，仅以轨道灯呈现自然原味。
5.**女儿房**：粉红色调包围出小女生
房间的梦幻氛围，乡村风衣柜与小
座椅点缀小主人童趣天真的活泼个
性。
6.**主卧室**：每个成员的私人区域中
依照不同的个性，装饰出专属的房
间品位。

纯净简约·实现北欧愿望

采舍空间设计·主持设计师 杨诗韵

长年冰锁在雪之国度的北欧，因严苛的天然环境，培养出"以简约技法创造更美好生活"的民族韧性，创造出让世人为之倾倒的北欧设计，也活出简单乐活的生活态度。我们虽没有北欧高所得、高福利的社会环境，也希望能有同等的生活享受，本案设计师从一面文化石墙出发，引窗外日光与简约线条实现房主的北欧愿望。

坐落位置｜竹北
空间面积｜81m²
格局规划｜接待区、行政区、资料整理区、会议室、主管办公室
主要建材｜烤玻璃、抛光石英砖、超耐磨木地板、透心美耐板、钢板

1. **收纳柜子**：镜面与柜子的线条隐约处，设有可收纳行李箱等大型物品的储物柜。
2. **玄关**：灰漆饰条与乱纹玻璃隔屏隐去玄关穿堂煞，取得中式风水与北欧日光的设计平衡。
3. **客厅**：以白为底蕴的设计空间，通过客厅文化石墙与银狐大理石电视墙的接口材质对比，简单带出空间层次。
4. **端景主墙**：设计师在柜子中规划展示平台，结合艺术品与灰镜衬底的底墙设计，除修饰大型柜子的量体，更可作为餐厅主墙设计，拉伸餐厅区域强界。
5. **垂直饰墙**：呼应电视墙两侧黑镜饰条的设计语汇，餐厅墙面改以横向饰条缀饰，在垂直交错间增添公共空间的时尚表情。

纯净的日光照耀，建构北欧经典表情，灰漆饰条与乱纹玻璃隔屏隐去玄关穿堂煞，取得中式风水与北欧日光的设计平衡。采用上下柜规划的玄关鞋柜，预留柜下空间置放拖鞋，将生活线条减至最低，保持立面简洁。

呼应置物平台的黑镜立面设计，对向墙面亦以灰镜饰墙放大空间，镜面与柜子的线条隐约处，设有可收纳行李箱等大型物品的储物柜。收纳线条越过隔屏向后延伸，满足客厅物体所需的收纳空间。设计师另在柜子中规划展示平台，结合艺术品与灰镜衬底的底墙设计，除修饰大型柜子的量体，更可作为餐厅主墙设计，拉伸餐厅区域强界。

4

5

1.**餐厅**：设计师延伸墙面镜条设计至厨房门板，简化餐厅设计线条，以餐桌为主体的设计，正是北欧生活的设计精髓。
2.**整合设计**：设计师将卫浴整合于床尾的柜面设计内，简化空间线条。
3.**主卧室**：与公共空间共享无边视野的主卧室，设计师为了营造更舒适的卧眠环境，重新调整卧床的位置。
4.**客房**：以功能为主的客房，规划组合柜满足基本使用需求。
5.**书房**：大面墙柜除了书本收纳外，两侧也弥补了玄关收纳的不足，打造大容量储物柜子。

　　以白色为底蕴的设计空间，通过客厅文化石墙与银狐大理石电视墙的接口材质对比，简单带出空间层次。循着无遮掩的日光视野，大面窗外的绿地与山景，净化了心灵，纯粹了生活样貌。为了呼应电视墙两侧黑镜饰条，餐厅墙面改以横向饰条装饰，在低调的白色层次里，通过垂直交错的黑增添公共空间的时尚表情。

　　与公共空间共享无边视野的主卧室，设计师为了营造更舒适的卧眠环境，重新调整卧床位置，将卫浴整合于床尾的柜面设计内；入门处也另结合绢丝玻璃规划小屏风，阻挡进入卧室的直进视野，呈现安静稳定的休憩空间。

洛凡空间创意室内装修·设计师 陈智远&李秀丽

斯堪的纳维亚半岛的

清新小调

在原屋设定中没有玄关的设计，大门入口处有"开门见灶"的风水问题，曾看过洛凡设计其他案场的房主，一向很喜欢设计师营造的清新、简约的空间感，期待设计师为之打造出温馨耐看的现代简约住家。洛凡设计撷取北欧设计精髓，在现有条件下调整出最合适的生活动线，呈现不张扬的清新小品生活。

坐落位置 | 新北市·汐止区
空间面积 | 69m²
格局规划 | 3室2厅
主要建材 | 风化木、栓木集层木皮、瑞士泥

1.**清新雅致**：清浅的设计中，以一张橄榄绿布艺沙发，点缀出清新且温馨的生活表情。
2.**玄关**：循着玄关穿鞋椅的线条入内，设计师在入门视野处以风化木增设柜子格屏。
3.**收纳柜**：利用床尾的梁下深度，以不规则造型的组合柜增加收纳功能。
4.**男孩房**：造型壁纸与LED光带打造个性男孩房。
5.**主卧室**：为了呼应床头墙面的设计，设计师特别定制相同设计感的床头柜。

　　循着玄关穿鞋椅的线条入内，设计师在入门视野处以风化木增设柜子格屏，并打破柜子的锐角线条规划端景平台，当光线洒落到平台上的艺术作品，人文简约意味立现。

　　方正简约的线条铺叙出斯堪的纳维亚半岛的风情，浅色木作与白色瑞士泥漆面则带出以大自然灵性为主的芬兰格调。以建材凸显线条张力的电视墙预留了未来换大电视的可能，餐厅的墙面则以L形造型茶镜打造利落简约，也将进入客卫浴的门板隐藏进设计中；立面的简约线条在天花板处搭配光影消弭染体压迫感，交错出现代设计的美好。

　　清浅的设计中，以一张橄榄绿布艺沙发点缀出清新且温馨的生活表情。在私人区域里，依照使用者不同的个性，选用香槟金、灰紫与紫红色呈现不同的卧眠氛围。

餐厅：餐厅的墙面以L形造型茶镜打造利落简约，也将进入客卫浴的门板隐藏进设计中。

白色空间·北欧之简

对场作设计有限公司·设计师 李胜雄

简单合宜、贴近人心即能呈现空间美学。在踏入客厅之际，仿佛开启一段美丽的邂逅，设计师以大量的白让空间恣意伸展，一组彩度鲜明的家具，对比出极具视觉层次的区域特性。电视墙的文化石壁面通过刷白处理，营造出质朴的质感；沙发背景墙则在蓝色碎花壁纸的铺陈下，浅浅带出悠闲的北欧情调。拥有4.2m挑高的餐厅，光线通过百叶窗筛落，温暖一室的美好，再配上一张功能性餐桌，就能变换无尽的生活旨趣。

坐落位置 | 台北市·中正区

空间面积 | 55m²

格局规划 | 玄关、客厅、餐厅、厨房、卧室×3、卫浴×3、厕所×2

主要建材 | 超耐磨木地板、文化石、木作、壁纸、定制百叶

5

1.**定制百叶**：把握得天独厚的充足采光，以及4.2m的挑高大视野，搭配手动调整的定制百叶，让最纯粹的自然温暖，洒满室内每一处。

2.**餐厅**：贴心保留功能运用的想象空间，再配上一张功能性餐桌，就能变换无尽的生活旨趣。

3.**电视主墙**：通过刷白处理后的文化石壁面，营造出细腻质感，内嵌的机柜设计，则维持立面的利落简洁。

4.**梯间空间**：延续文化石的材质肌理，将独有的人文气韵引领而上，加上英伦风情的壁灯，仿佛置身于浪漫欧洲的巷弄之间。

5.**寝眠区域**：主要颜色以纯白搭配浅绿，色彩的运用拉长了视野景深，也消弭楼层较低的压迫。

　　梯间空间延续文化石的材质肌理，将独有的人文气韵引领而上，加上英伦风情的壁灯，仿佛置身于浪漫欧洲的巷弄之间。来到卧眠区域，主要颜色以纯白搭配浅绿，色彩的运用拉长了视野景深，也消弭了楼层较低的压迫。灯光表现上，设计师在此以间接照明设计铺叙区域的层次神情。

6.**格窗门板**：唯有设身处地般的细心备至，才能成就直觉式的空间应用，考虑到日常使用的生活习惯，以滑动式格窗门板安排，善于利用每一寸空间。

7.**复式空间**：功能性的收纳空间，满足房主生活上的需求。

色彩语言·施展舒压魔力

坐落位置 | 台北市
空间面积 | 92m²
格局规划 | 4室2厅
主要建材 | 钢烤、木作、涂漆

　　工作压力庞大的房主希望回到家可卸下所有的疲惫，完全休息放松，充完电再迎接工作上的挑战，因此期待能营造一个减压放松的居家环境，并且温暖质感的生活空间。

1.立体墙面： 凹凸面的墙面设计，增加电视墙的丰富度。

设计师调整出合适的生活格局后，以温暖亮眼的颜色与木作材质渲染空间的温润质感，再融入休闲风格家具铺叙公共空间的自然减压。柜子的锐利切角修饰出圆弧的自然线条，呼应整体的空间设计，也保护了小孩与长辈的安全。考虑到房主家中长辈的安全，设计师在空间转换的地面跳接处，细心地以高难度的全平面无接缝处理，使行进时不会因高低差而发生意外。最后以不同色泽的LED照明变化空间氛围。

1.**鞋柜：**轻盈的嫩绿色墙面与上吊柜设计铺叙活力轻松的入门空间。
2.**客厅：**以温暖亮眼的颜色与木作材质渲染空间的温润质感，再融入休闲风格家具铺叙公共空间的自然减压。
3.**餐厅：**鹅黄色墙面烘托出餐厅的温暖氛围。

1.**主卧室：** 保留窗边的日光美景
意的放松空间。
2.**圆弧线条：** 柜子的锐利切角修
然线条，呼应整体的空间设计，
与长辈的安全。
3.**阳台：** 以温暖亮眼的颜色与木
间的温润质感，再融入休闲风格
空间的自然减压。
4.**男孩房：** 设计师以九大行星为
男孩房的小宇宙。

趣味妆点·
属于你的自传空间

坐落位置 | 台北·木栅
空间面积 | 35m²
格局规划 | 玄关、客厅、餐厅、厨房、主卧室、卫浴、储藏室
主要建材 | 木作、木皮、铁艺、油漆、喷漆、海岛型木地板

1

阳光的存在予人新生般的喜悦，同样的温度洒落入室内，延续大面积的明亮，白色基底中错置了北欧现代的清新自然，如同时尚旅店的惬意。

用阳光梳理十年老房的陈秽，设计师再以设计将原格局中的卫浴改成储物间，厨房则从现今的书柜位置，迁至客厅的横向动线上，整理出流畅的活动步伐。玄关起始处，随着不规则的层板边角而行，一张桌、一盏灯品味性的线条，描绘出小夫妻共赏落日与用餐的甜蜜时刻；转圜入室，深灰色墙面位居视焦中心，化解了大梁带来的压迫，由前至后依序添上铁艺的黑与主卧床头墙面的浅灰，精算过的比例、深浅层次打造丰富视觉端景。

1.**公私划分**：深灰色墙面位居视焦中心，由前至后依序添上铁艺的黑与主卧床头墙面的浅灰，精算过的比例、深浅层次打造丰富视觉端景。

2.**餐厅**：玄关起始处，随着不规则的层板边角而行，一张桌、一盏灯品味性的线条，描绘出小夫妻共赏落日与用餐的甜蜜时刻。

　　高楼层远眺的景致里，主卧室前推拉式门板一左一右开启连续性的穿透，也将公、私区域做了初步划分，不舍阳光的自然礼赞，设计师保留下主卧梳妆台前一处开窗，让光影的微妙变化自然流动，放大空间感受。而功能美的诉求，是营造北欧风情不可或缺的一环，因此重新调整后的电视主墙，设计师悄悄施作入凹槽，弱化了转折锐利度；一旁看似简单的书柜墙设立，除了书籍摆放，更是设计师给予夫妻俩收藏生活记忆的美好天地。

1**电视主墙**：重新调整后的电视主墙，设计师悄悄施作入凹槽，弱化了转折锐利度。
2**餐厅与客厅**：延续大面积的明亮，白色基底中错置了北欧现代的清新自然，如同时尚旅店般的惬意。
3**主卧**：用阳光梳理十年老房的陈秽，让生活认真的轻松，是设计师寄予阳光宅的心动期盼。

官山空间设计・设计总监 杨宛霖／设计经理 黄淑贞

北欧童心生活

　　北欧风格的空间语言总是带着点简约、宁静与冷调，官山设计却巧妙地以高度设计感的家具与宁静致远的空间风格撞击出带点童趣、幽默的高质感生活。

1. 客、餐厅之间以L型柜子串联彼此关系，除了造型设计的延伸外，在使用基能考虑上，也借此增加了许多收纳空间。由于是小朋友居住的空间环境，因此使用日本进口SEKISUI PAROI表面材维系健康生活，L型柜子中间段以茶镜作为展示区域背景，通透而具延展效果。
2. 在光线充裕的窗边设置卧榻区，墙壁及天花板利用蜂巢式的做法，搭配鲜明颜色，此概念完全展现"深入人心的简单幽默"，让小孩子自己发掘乐趣的感受力，颇具童趣。

1. 柜子一致性的安排除了达到基本收纳功能外，也让空间线面关系更为利落。客、餐厅之间采用开放方式规划，视角也开阔不少。

2. 由于是小朋友居住的空间环境，因此使用日本进口SEKISUI PAROI表面材维系健康生活，L型柜子中间段以茶镜作为展示区域背景，通透而具延展效果。

1. 由于空间自然光充裕，通过日本进口SEKISUI PAROI表面材（无甲醛）展现珍珠光面的折射感（无需经过上漆处理），不仅呈现完美线性的律动，更将空间塑造得明亮而开阔。
2. 厨房与过道之间本来采用开放方式规划，为了避免油烟问题，于是设计玻璃烤漆玻璃为材质的推拉门扉，再以贴覆壁贴的方式形塑具有童趣的图案作为接口，也同时供孩子随手涂鸦使用；与厨房相邻设计为孩童画画或游戏的区域，方便与女主人的互动。

　　为了帮房主打造一个温暖的幸福家庭、一个良好的子女教育环境与一个贴近自然光线和充满意义的休憩园地，设计师把北欧"宁静的厉害"发挥在空间风格上，让生活有种不用做作的自在，空间里有种"不为所动"甚至可以说是"孤芳自赏"的纯净美学。

　　设计师将TV、视听器材隐藏在客厅柜子中，柜子一致性的安排除了满足基本收纳功能，也达到不让小孩的生活围绕着电视节目的效果，空间线面关系更为利落。客、餐厅之间采用开放式规划，视角也开阔不少。

　　卧榻的高彩度色块与北欧的极简巧妙撞击，产生了素雅略带活力的能量。坐在卧榻与大自然光源亲近的环境，能让人发现生命中真正重要的事，这是北欧风空间里独特的智慧，澄澈而单纯。

　　客、餐厅之间以L型柜子串联彼此关系，除了造型设计的延伸外，在使用基能考虑上，也借此增加了许多收纳空间。由于是小朋友居住的空间环境，因此使用日本进口SEKISUI PAROI表面材（无甲醛）维系健康生活。将餐厅传统的用餐区做地域概念轻化，彼此互动性也增强，餐桌不再局限于只有吃饭时间凝聚情感而已，而是就成员的需要可以互通有无。

厨房前的区域是小孩的另一个活动空间。餐桌上的湖泊云朵吊灯，是芬兰建筑师所设计的经典吊灯，由于房主曾在北欧芬兰短暂停留，对湖泊吊灯有着深刻的记忆。纯净多变的云朵吊灯给人无限的想象空间，漂浮在天空之上，让人有无限宽广的自由感受。

"深入人心的简单幽默"是这个设计案最重要的概念。从客厅的儿童卧榻，到书房书柜的灯具设计，自然、实用、不做作，却深入人心。简单、内敛、幽默，让使用者可以自己发掘乐趣的感受力，是本设计案的一大魅力。

1.书房兼具客房使用，将方管烤黑处理，呈现刚硬质感，同时灯具以固定式设计，展现趣味的一面，也颠覆了传统垂直、水平、切割的比例呈现表情。
2.儿童房双层式的卧眠功能设计，以组合家具为主，楼梯踏阶下方设置收纳空间，更利用烤漆玻璃规划涂鸦区，完全依两个孩子的生活功能及需求考虑规划。

女孩们的北欧小公寓

　　为三姐妹打造的女人窝，在设计师的
"巧"和房主的"戏"下，实现小女子们第一
个梦想中的居室面貌。以留白取代装饰，可让
三姐妹在自己的居所中挥洒创意。

坐落位置｜台北市·木栅
空间面积｜81m²
格局规划｜客厅、餐厅、卧室×3、更衣室、卫浴×2
主要建材｜压克力烤漆、海岛型木地板、天然栓木贴
　　　　　　皮、ICI乳胶漆

131

1.现代女性都市风：以大量留白取代装饰的现代女性都市风，简洁中带着自然朴实，主张身体与心灵的平衡。

2.客厅：蓝色沙发在明亮度较高的空间中，扮演沉稳及反差的角色。

3.留白设计：墙面的留白，让年轻的主人可以尽情张贴喜爱的海报或明信片。

本案房主为三位姐妹，目前都还在就学中。父母为他们在台北购房，幸运的是，三姐妹可以依自己的喜好，打造梦幻天堂。

由于本房格局具备三间卧室，因此不必更动原有的结构，唯独女孩子的衣服需要有一个归属空间，如何增加一个更衣室是本案功能规划上的重点。设计师运用一进门左手边的厨房与餐厅空间，将隔断墙打掉，改开放式厨房，再借此"偷抓"一些面积，巧妙形成一个更衣室空间。由于家庭成员是三姐妹的关系，所以可以不拘泥于更衣室一定要在房间附近的定律。

原本展现北欧风情的最佳方式是原木地板，但因为原木地板的厚度过高，阻碍门的开合，于是改成超耐磨地板，没想到略带粗犷原始的质感与视觉，在轻盈的主调下平衡出丰富的个性色彩。

1. **过道**：清雅流畅的过道。
2. **造型家具**：由于三位家庭成员都还在就学中，造型家具呼应现代年轻人总是有型有款的外表与主张。
3. **个性设计**：不同隔墙各有不同设计明信片，个性十足却不致抢走空间的舒心感。
4. **更衣室**：从原本厨房及餐厅格局中"抓"一点空间出来的更衣室，其实也具备半个储藏室功能。
5. **卧室**：在北欧风寝具及色彩下，女孩们完成了第一个居家梦想。

由于女孩们学设计的关系，对于色彩配置极有主张，设计师以留白的方式，让她们尽情挥洒。创作品及海报成了主人最佳的个性代言，于是过道墙、角落边，不乏充满创意的巧妙构思作品。就连沙发颜色，也是因为蓝色是她们喜爱的牌子的代表色之故。设计师在考虑整个基调不失中性之余，挑选了造型现代利落的款式，蓝色沙发成为北欧风格下的个性主张。

收纳部分，为了让起居空间更完整宽敞，避免密闭式置物柜的压迫，集中处理更衣室、餐厅、厨房，以及每位女孩的房间。餐厅旁的落地书柜，错落加装小门，增添变化乐趣。

房间的颜色，由三位女孩各自决定，优雅内敛的现代色彩受到青睐，配合北欧风格寝具，呈现大部分女生梦想中的居家样貌，让整个屋子洋溢着暖暖的幸福北欧气息。

音符·舞曲·清新北欧印象

德本迪国际设计·设计师 宋雯铃 & 沈家如 & 宋志钟 & 彭宝慧

坐落位置 | 台中市
空间面积 | 64m²
格局规划 | 玄关、客厅、餐厅、厨房、吧台、琴房、主卧室、儿童房、更衣室、卫浴×2
主要建材 | 组合柜、镜面、铁艺

音乐居家： 日光清朗中，似乎可见音符在空气中活泼跃动。

1

2

3 4

1.**立面变化**：简约的电视墙面搭配五线谱层架，在色调与线条变化间丰富立面层次。

2.**客厅**：延续玄关墙面色系至电视墙，衔接内外区域。

3.**餐厅**：设计师在墙面施以细致铁艺打造的五线谱层架，搭配简约明亮的餐桌椅，构筑清新北欧印象。

4.**琴房**：沿墙配置的展示层架，除了采用不规则线条收纳与展示圆号等乐器，下方柜子另采用活动层板顺应未来使用需求调整。

　　看不见形体的音符，在空气中跃动，流窜在开放空间的每一个角落，偷偷流泄进轻合的门扉，心绪也随着曲调同步激昂与坠落，直到课堂结束；呼吸间，似乎还残存着小步舞曲余韵，德本迪设计以教授钢琴的女主人的生活形态为灵感，以音符贯穿全室，让幸福感随时可得。

1.厨房门板：厨房门板上的五线谱，让不见形体的音符有了具象表情。
2.女孩房：亮绿色的女孩房以色彩带来缤纷活力，造型主灯更呈现主题专属性。
3.客厅望向琴房：开放式琴房采用架高地板呈现，塑造展示台意象的设计主景。
4.主卧室：温柔雅致的主卧室以柔美色调呈现。

　　为了置放形体庞大的三角钢琴，设计师在架高木地板规划的琴房拉出半弧导角，顺势增添空间动线的变化性，而一旁因为厨房格局有限，而外移冰箱增设的吧台区，也是陪伴孩子学琴的家长暂时小歇轻食的空间。除了钢琴的意象延伸外，厨房门板的乐谱雕花与铁工细致施作的五线谱餐厅层架，可通过具象的音符线条，描绘乐音飘扬的空间氛围。

　　以现代北欧架构为设计出发点，玄关处施以浪漫的Tiffany蓝特殊色，并延续到电视主墙处衔接内外，简洁利落的设计元素中，运用柜子的层叠变化丰富空间层次，而房主期待一房主灯的概念，则在质感线条各异的照明搭配中，让每个空间都有专属的主题表情。

理丝室内设计·设计师 翁新婷

通透无瑕·纯净零压感住宅

　　走进这处清新自然的纯净空间，忙碌生活下的紧张感顿时得到释放，百叶窗筛进的灿烂日光，照映在以白色为主题的区域中，呈现光泽滢滢的通透美感，并与局部点缀的木色材质，相互烘托出迷人的北欧风情，让一家四口的亲子生活，有了最美好的开场。

坐落位置｜台中市
空间面积｜86m²
格局规划｜客厅、餐厅、厨房、卧室×3、卫浴×2
主要建材｜仿古石英砖、烤漆、钢刷梧桐木、木纹砖、锈镜、铁艺

143

本案是位于台中的旧房翻新的案例，房主期望在有限的空间里，同样能够拥有大尺度的公共区域。因此，设计师将原先位于客厅后方的独立隔断拆除，以开放式设计定义客厅、餐厅及厨房，规划出将近室内空间一半的公共活动区域，满足房主一家人对家的期许。

全室以纯净的白色为整体空间色调，并设置百叶窗引入室外采光，让即使是面积不大的起居空间，也有了开阔敞亮的舒适感受；此外，设计师翁新婷更善用风格家具与异材质的搭配运用，塑造极具品位的区域表情，例如客厅的皮革沙发、沙发旁的复古酒桶，以及分别位于客厅两侧的木作鞋柜、铁艺展示层架等，皆在彼此的衬托下，散发出惬意风雅的质感因子。

展示柜面： 同样以隐藏门板的设计手法，整合机柜、收纳柜与孩房动线，并嵌入铁艺展示层板，为空间增添现代质感氛围。

1.**引入光线**：利用百叶窗引入室外采光，照映在纯净的空间基底中，搭配温润木色的餐桌，共谱休闲惬意的情境氛围。
2.**抽油烟机**：造型独特的意大利进口抽油烟机成为空间中的吸睛焦点，让纯粹简约的空间主题中有了时尚新意。
3.**餐桌**：保留台湾栓木的原始面貌作为餐桌使用，点缀轻巧可爱的绿意盆栽，围塑出大自然的清新氛围。

餐厅为一家人维系感情的重要场所，房主除了希望有一个大餐桌之外，也要求设置中岛吧台，两者相依形成流畅的"回"字型动线，创造出能让房主一家人亲密互动的温馨区域。

　　在空间功能方面，中岛吧台除了内嵌电陶炉之外，其台面下方与侧边，更分别配置洗衣机及展示柜，如此不浪费丝毫空间的设计巧思，成功将使用面积发挥到最大值；中岛吧台上方的意大利进口抽油烟机，其独特造型成为空间中的视觉亮点，为充斥着柴米油盐的平凡生活，增添趣味变化性。

1. **质感角落：** 质感简约空间角落，随兴摆放配件摆饰，就能创造出细腻温雅的北欧风尚。
2. **卫浴：** 犹如饭店般享受的卫浴空间，以西班牙进口瓷砖铺陈出精致美感。
3. **收纳功能：** 沿着墙面规划收纳量充足的柜体功能，选用柔和纹理的集成板材为空间增添变化层次，柜体上方则保留可以摆放行李箱等大型物件的储藏空间。

来到私人区域，主卧室同样以白色基底呼应公共区域的设计主轴，地面铺以木纹砖，局部搭配火头砖刷白墙面，轻松在简约的空间调性中增添温馨休闲感；而编织造型的床架、北欧风格的老件摇椅与复古床头矮柜，共同在空间中谱写慵懒放松的卧眠氛围；主卧卫浴则以大量的西班牙进口瓷砖，铺陈出有如饭店般的精品质感，透过仿旧斑驳的锈镜反射，交叠出别具风格的视觉美感。卫浴空间的功能也不马虎，双洗手台与干、湿分离的设计规划，提供房主便利且舒适的生活享受。

北欧新古典生活风

本案想传达的是"回归自然朴实、简单生活"的人生态度。浅白色的基调，简洁的元素，再加上布窗帘、藤沙发、原木餐桌、木地板等淳朴质感，都提供房主身体与心灵最深层的抚慰。

1

1.台北市内很难奢望能拥有户外美景，但可以在室内为自己打造一个能让身心安顿的优质环境。
2.简单又自然的北欧生活风，在有限空间里营造出让繁忙生活获得喘息的出口。

坐落位置 | 台中市
空间面积 | 132m²
主要建材 | 现场喷漆、乳胶漆、海岛型木地板、木皮染白、布纱、人造石、结晶钢烤板